Die Erzstufenbahn

Eine Harzer Eisenbahnlegende

Bibliografische Information der Deutschen Nationalbibliothek
Die deutsche Nationalbibliothek verzeichnet diese Publikation in der Deutschen Nationalbibliographie; detaillierte bibliographische Daten sind im Internet über http://dnb.d-nb.de abrufbar.

Erste Auflage 2020

www.bussert-stadeler.de
Satz, Layout und Covergestaltung: Clemens Bussert, Gijs Scheepens
ISBN: 978-3-942115-83-4

Die kurze Geschichte dieser ungewöhnlichen Industriebahn begann 1872. Vorausgegangen war eine radikale Umwälzung des Berg- und Hüttenwesens im braunschweigischen Teil des Harzgebirges.
Dieser Wirtschaftszweig befand sich jahrhundertelang in der Oberhoheit des Herzoglichen Gesamthauses zu Braunschweig und Lüneburg. Das Herzogliche Gesamthaus hat den Bergbau in seinem Territorium stets gefördert, konnte doch mit den Gewinnen aus diesen Unternehmungen die aufwändige Hofhaltung finanziert werden. Besonders unter Herzog Ludwig Rudolf erfuhr der Bergbau eine beträchtliche Förderung, selbst Kleinstlagerstätten wurden untersucht. Schließlich musste er nach dem Willen seines regierenden Vaters aus dem Blankenburger Teil des Braunschweigischen Herzogtums leben können. Insofern stellte die Ausnutzung der Wald- und Bodenschätze in seinem Gebiet eine gewichtige Einnahmequelle dar. Seine 1716 ausgerufene Bergfreiheit verbesserte die Lage der Eigenlehner und brachte dem Bergwesen in seinem Land einen Aufschwung. Die Nachfolger behielten das Engagement im Harzbergbau bei, wenngleich nicht mit dem Elan eines Ludwig Rudolfs.
Doch in den Jahren nach 1840 gingen die Erträge der herzoglichen Hüttenwerke in Rübeland, Altenbrak, Neuwerk und Zorge stetig zurück. Die zunehmend voranschreitende verkehrstechnische Erschließung des Harzgebirges brachte Konkurrenzprodukte in erreichbare Nähe. Der Markt für Eisen und Stahl begann sich zu verändern. Nach der Aufhebung der napoleonischen Kontinentalsperre gegen England begann englischer Stahl seinen Siegeszug durch Europa. Dem trugen die altväterlichen Bergbau- und Hüttenbetriebe kaum Rechnung. Immer noch glichen die Hüttenbetriebe mehr Manufakturen als zeitgemäßen Produktionsstätten. Englische, schwedische, aber auch Siegerländer Eisenwaren überschwemmten den Markt.
Die herzogliche Bergverwaltung verfügte nicht über die notwendigen Finanzmittel, um die Hütten modernisieren zu können, desgleichen war der Herzog nicht bereit, solche Mittel aus seinem Portfolio bereitzustellen.
In dieser Situation forderte schon Ende der 1840iger Jahre der braunschweigische Finanzdirektor und Geheimrat August v. Geyso die rasche Beendigung dieses immer verlustreicher werdenden Engagements. Doch wegen der dann unvermeidlich drohenden Arbeitslosigkeit der ohnehin armen Harzer Bevölkerung schreckte die herzogliche Kammer immer wieder vor der unpopulären Maßnahme zurück. 1865 hatte das Defizit solche Höhe erreicht, dass die Zahlungsunfähigkeit drohte. Schließung oder Verkauf – beide Optionen wurden nun geprüft. Schließlich fand sich in dem angesehenen Kölner Bankhaus der Gebrüder J. L. Eltzbacher & Co. ein Käufer, der nicht nur an einzelnen Werken, vielmehr an dem gesamten herzoglichen Montanbesitz interessiert war. Eltzbacher, die bereits den westfälischen Rohstoffhandel mitfinanzierten, waren zu diesem Zeitpunkt an einer eigenen Rohstoffbasis und -verarbeitung interessiert.
In dieser Situation kam die Offerte des Herzoghauses gerade recht. Schnell wurde man sich handelseinig und bereits 1870 hatte das Bankhaus die Verfügungsgewalt über Bergwerksfelder und Hüttenbetriebe. Die unmittelbar und rasant einsetzende

Umgestaltung, Straffung und Modernisierung des Produktionsprozesses traf die ansässige Bevölkerung in ihren sozialen Auswirkungen fundamental.
Eine der ersten Entscheidungen der eigens gegründeten „Actiengesellschaft Harzer Werke zu Rübeland und Zorge“ war die Inangriffnahme eines völlig neuen Verarbeitungsstandortes in Blankenburg/Westend. Nur dort konnte einigermaßen günstig westfälischer Steinkohlenkoks durch eine noch zu bauende Bahnlinie herangebracht und die Produkte abgefahren werden. Die Hütte der Harzer Werke wurde dann auch das stärkste Argument für den Bahnbau von Halberstadt nach Blankenburg. Generaldirektor Creuser, der zuvor die Bleierzgruben in Mechernich (Eifel) geleitet hatte, war von der Bank extra für den Betrieb im Harz verpflichtet worden. Sein Wort hatte Gewicht und so folgten ihm der Vorstand und auch der Aufsichtsrat gern. Dieser Beschluss fiel umso leichter, als es der Eisenbahngesellschaft (Moritz Eltzbacher saß als Vorstand der Harzer Werke im Vorstand der Halberstadt-Blankenburger-Eisenbahngesellschaft, d. Verf.) in den Jahren 1870-1873 gelang, Blankenburg eisenbahnmäßig an die große weite Welt anzuschließen. Die lange Bauzeit erklärt sich durch kriegsbedingte Verzögerungen.
Der Strom des in Hüttenrode geförderten Eisenerzes musste nun nach Blankenburg fließen. Jahrhundertelang ging das Erz westwärts zu den Hütten an der Bode. Der neue Standort lag der bisherigen Förderachse diametral gegenüber. Doch der verkehrswidrige Harzaufstieg verhinderte einen zügigen Bahnanschluss des reichen Hüttenröder Erzfeldes in Richtung Blankenburg. Wie sollte also die kontinuierliche Erzversorgung des neuen Hüttenwerkes sichergestellt werden? Immerhin würde hier ein modernes Hochofenwerk mit zwei Koks-Hochöfen entstehen. Große Mengen von Zuschlagstoffen wurden nun benötigt. Ein Transport mit Pferdefuhrwerken kam in Anbetracht der wirtschaftlich notwendigen Erzmengen nicht in Frage. Große Kosten durfte der Transport auch nicht verursachen, denn der Konzern hatte seine freien Finanzmittel und auch Kredite in das neue Werk investiert. Eine einfache und preiswerte Transportvariante musste gefunden werden.
Direktor Creuser wusste auch hier Abhilfe. Aus dem Bergbau war ein Transportsystem von Grubenbahn und Sturzrollen schon lange bekannt. Er gedachte nun dieses System auch übertage anzuwenden und so den Höhenunterschied von 178 Metern bis zum neuen Hüttenwerk zu überwinden, ähnlich dem vertikalen Förderstrom eines Bergwerkes. Hier allerdings sollte mittels Sohlen, Schächten und Stollen, bergwerksmäßig zwar, aber eben übertage, der Erztransport abgewickelt werden.
Gesagt, beschlossen, getan. In einer Bauzeit von knapp drei Jahren wurde im Tal des Wasserweges das technische Novum einer Erzstufen- beziehungsweise Schurrenbahn errichtet. Deren Kapazität musste dem Bedarf beider Hochöfen in Blankenburg bei voller Auslastung genügen können. Hier finden wir auch den Grund für den ungewöhnlichen Einsatz der Regelspur (Spurweite 1435 mm) im Braunesumpf-Bergbau; konnte doch nur mit bedeutend größeren Waggons als den gewohnten Bergwerkshunten die geforderte Menge an Eisenerz nach Blankenburg verbracht werden. Da die Gleise auf den Ebenen bis in den Berg hineingeführt wurden, kam

diese Spurweite eben solcherart nach untertage. Drei Jahre Bauzeit für etwas mehr als vier Kilometer erschien selbst damals schon viel, allein die Abhängigkeit von der Inbetriebnahme des gleichzeitig heranwachsenden Hochofenwerkes zu Blankenburg erklärt das Zeitfenster. Dazu kamen außerordentlich niedrige Personalkosten. Da am Personal kaum gespart werden brauchte, müssen wir uns heute jede der zeitgleich angelegten Stufen als größere Baustelle mit einem Gewimmel von Arbeitern der verschiedensten Gewerke vorstellen.
Da hallte das stille Tal des Wasserweges von dem Knall der Sprengungen, Staubschwaden färbten Bäume steingrau, wurde Gestein zu Dämmen gekippt, Schwellen und Schienen darauf gelegt. Übernahmen die bei den Harzer Werken angestellten Bergleute als Spezialisten alle Stollenvortriebe, so wurden Kolonnen von Gleisarbeitern zusätzlich für das Projekt eingestellt. Sie schleppten Schienen und Schwellen die steilen Hänge empor, nagelten und verschraubten die Gleise. Die neuen Dampfloks wurden mit Pferdefuhrwerken in zerlegtem Zustand angeliefert, aufgebaut und zur Probe gefahren. Eigens zu deren Montage reiste Fachpersonal des Herstellers aus Zorge an.
Es sollte also unter Ausnutzung der Schwerkraft von einer höher gelegenen Bahnstrecke mittels Schurre und Rolle in die unterhalb wartenden Waggons des Erzzuges auf einer tieferliegenden Bahnstrecke gekippt werden. Die obersten zwei Ebenen des zukünftigen Fördersystems waren schon im Tagebau Holzberg vorhanden, konnten also kostengünstig nachgenutzt werden. Mehrere Ebenen waren aber vom Hüttenröder Erzfeld in Richtung Westend neu anzulegen, keine leichte Aufgabe in diesem steilen, abgelegenen Tal des Wasserweges. Aber auch im Grubenfeld der Harzer Werke waren umfangreiche Investitionen erforderlich. Die teilweise vorhandenen Ebenen zur Grube Holzberg mussten angepasst werden. Zum damaligen Zeitpunkt konnte von einem Bergwerk nach heutigem Verständnis noch nicht gesprochen werden. Vielmehr gab es viele tagebauartige Abbaustellen in den Hauptbaurevieren Holzberg (auch Holzstein, d. Verf.), Leibefahr und Lodenbleek. Es existierten mehrere kurze Stollen, die zur Wasserlösung und Erzabfuhr genutzt wurden. Aus Schächten wurde wenig gefördert.
Dem Förderfluss von Hüttenrode nach Blankenburg (von oben nach unten) folgend, findet der aufmerksame Betrachter noch heute ebene Gleistrassen im Gelände. Für die Ebenen ist auch der Name „Stufen“ gebräuchlich.

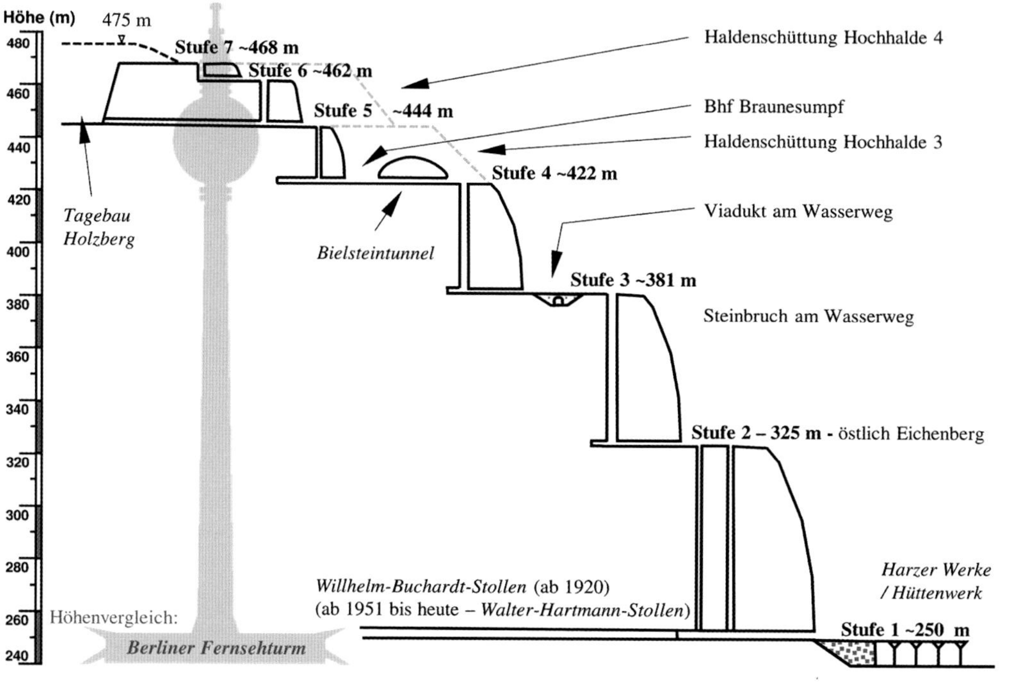

Höhenplan zur Erzstufenbahn
Stufe 1 – Willhelm-Burchardt-Stollen
Stufe 2 – Eichenberg
Stufe 3 – Viadukt am Wasserweg
Stufe 4 – Holzberger Querschlag / Bahnhof Braunesumpf / Bielsteintunnel
Stufe 5 – Tiefer Holzberger Stollen
Stufe 6 – Kurzer Stollen ohne Namen
Stufe 7 – Einschnitt am Tagebau Holzberg
OK Tagebau / Pinge Holzberg

Stufe 7: Östliches Hüttenröder Erzfeld oder Revier Hinterer Holzberg

Insgesamt sind im Holzbergrevier alle oberhalb dieser heute kaum noch erkennbaren Ebene erreichbaren Erzvorräte über Rollen verladen, also mittels Schwerkraft in die Waggons der Erzzüge gefüllt und abgefördert worden. Es ist anzunehmen, dass das Bergmassiv des Holzbergs vor dem Bahnbau viel höher gewesen sein muss. Durch den Bergbau ist die gesamte Bergkuppe vollständig abgetragen worden. Leider fehlen auch hier genauere Angaben. Die kartografische Aufnahme dieser Region begann etwa 1852, so dass die Originalhöhe des Holzberges nicht mehr zu ermitteln ist.

Holzbergtagebau 1880 mit Einschnitt Richtung Trasse 7

Die Bedeutung der Oberen Stollensohle (Teile davon bildeten später den Tiefen Holzberger Stollen) für den Vorderen Holzberg kann man dabei nur erahnen, denn sie ist niemals rißlich aufgenommen worden. Heute ist diese Sohle nahezu in Vergessenheit geraten. Neuere Forschungen des Bergvereins Hüttenrode geben Grund zu der Annahme, dass es sich hier um den bereits von Pfarrer Stübner in seinen „Denkwürdigkeiten des Fürstenthums Blankenburg..." (1790) erwähnten „uralten Schwabenstollen" handeln könnte. Mit Gewissheit hat die obere Stollensohle früher zum Schwalbenstollen geführt; allein dem immer größer werdenden Tagebau Holzberg fiel dieser Tagebau gewissermaßen zum Opfer.
Ein Zusammenhang mit der Erzstufenbahn scheint für die Ebenen 6 und 7 nur mittelbar gegeben, aufgrund der gleichen Technologie wird dieses Gleisnetz trotzdem in die hier beschriebene Sachgesamtheit mit aufgenommen. Auf diesen Ebenen wurden Erze und Berge des Reviers „Hinterer Holzberg" (ab 1940 Holzberg Nord, d. Verf.) bewegt. Wenngleich ohne Lokbetrieb, sind doch beide vorgenannten Stufen als Quellbereich für alle darunterliegenden unverzichtbar gewesen. Dieser Bereich, der heute extrem unzugänglich geworden ist, war einst von pulsierender Betriebsamkeit erfüllt. Der beeindruckende Tiefgang des Erztagebaus, umgangssprachlich „Eisen kuhlen" genannt, war um 1880 noch ferne Zukunftsmusik, der Gewinnungsbetrieb spielte sich auf der obersten Ebene der Bahn ab. Ein beachtliches Gleisnetz existierte im Tagebau, zu den Hochhalden 3 und 4 und eben auch zur obersten Ebene, die der Abfuhr diente. Lokbetrieb konnte bislang noch nicht nachgewiesen werden.

Trasse 7 Zustand 2019

Auch auf dieser Ebene ist Stollenbetrieb heute nachweisbar und kann im Gelände besichtigt werden. Dieser Stollen ist vom späteren Großtagebau angeschnitten worden, so dass eine Tagesöffnung am senkrecht 40 Meter in die Tiefe fallenden Oststoss heute sichtbar ist.

Mundloch Stollen Trasse 7

Der nicht namentlich benannte Stollen, von denen es im Holzberg mehrere gab, wurde in das Projekt mit einbezogen. Dieser Stollen ist übrigens auch ein weiterer Beweis dafür, dass das Bergmassiv ursprünglich bedeutend höher gewesen sein muss, anderenfalls hätte man den Trassenverlauf sicherlich mittels eines bedeutend kostengünstigeren Einschnitts im Gelände führen können. Nach Verlassen des heute verfallenen Mundloches Richtung Osten erreichte diese Ebene nach 80 Metern den Bereich der Halde. Heute noch gut zu erkennen sind durch Verschwenkung der Gleise entstandene Schüttkörper.

Auf einem um 1880 zu datierenden Foto dieses Revieres hat sich die Belegschaft für ein Foto aufgestellt, ein damals noch recht seltenes Ereignis. Die Arbeit ruht und wir können ein Stollenmundloch beziehungsweise dessen Baustelle in der Bildmitte erkennen. Dieser Stollen, dessen Verlauf ungefähr in Richtung des tiefen Geländeeinschnittes gedacht werden muss, konnte Anfang 2019 an der Steilwand lokalisiert und von Sven Schreiter erstmalig befahren werden. Die bereits gefüllten Hunte können auch auf dem Weg zur Hochhalde 4 sein, denn im extra dafür angelegten Geländeeinschnitt ist eine Weiche zu erkennen. Die Erzverladung, die damals mit Schaufel oder Steingabel erfolgte, war sehr viel leichter zu bewältigen, wenn die Hunte von oben befüllt würden. Die oberste Ebene brachte also Arbeitserleichterung bei Steigerung der Fördermenge.

Der Vordere Holzberg förderte vorwiegend über Schwabenstollen und Lodenbleek-Mühlenweger Stollen zutage aus.

Vor dem Mundloch des Mühlenwegstollens 1880

Das bedeutet, dass der Förderstrom aus diesem Revier erst an der Station Braunesumpf, der Ebene 4, auf den „Hauptstrom“ traf.
Auf dieser und der darunterliegenden Stufe kamen bergwerkstypische Hunte zum Einsatz. Diese Transportwagen hatten 600 Millimeter Spurweite und wurden mit Muskelkraft bewegt.

Stufe 6: Hochhalde 4

Da allerdings immer mehr Bergmassen auch auf der eigentlichen Hochhalde aufgehaldet werden mussten und somit diese immer mehr in die Höhe wuchs, gab es einen starken Bedarf für eine leistungsfähige Transportebene zur Halde. Ziemlich sicher gab es die Ebenen 6 und 7 schon vor dem Projekt „Erzstufenbahn“. Denkbar ist auch, dass die vorhandene Anlage das Gesamtprojekt inspiriert hat. Im Gelände ist der Übergang vom Tagebau zur Hochhalde heute noch gut auszumachen.
Sie konnte ohne weiteres in die Gesamtanlage integriert werden. Die Lage des Sturzschachtes, herunter zum Tiefen Holzberger Stollen, ist unbekannt. Diese Ebene wurde also nicht nur für Erztransporte, sondern auch zur Verbringung der tauben Bergemassen genutzt.
Die Haldenmassen müssen gewaltig gewesen sein. Schon 1788 berichtet der Hüttenröder Bürgermeister und herzogliche Bergmeister Heeberlah vom „alten umgewühlten Holtzberger Zug“. Das Erz zeigte sich nur „nester“- oder „lagenweise“, stets mussten viele Kubikmeter taubes Gestein gefördert und abgefahren werden, um an das begehrte Erz zu kommen. Da der Eigenlehnerbergbau nach dem Ende des 30-jährigen Krieges die Lagerstätte nicht systematisch ausbeutete, haldete jeder Grubenbetreiber dort auf, wo noch etwas Platz zwischen den Grubenfeldern frei war. Nicht selten fand ein anderer Bergbautreibender darunter Eisenerz und hatte nun die undankbare Aufgabe, die tauben Bergemassen erneut „irgendwohin zu verbringen“. So sind einige Haldenbereiche mehrmals verändert und umgelagert worden.
Erst in der durch die Harzer Werke eingeläuteten industriellen Abbauperiode kam auch in die Versatzwirtschaft eine gewisse Systematik. Das Volumendefizit der riesigen Holzbergpinge unserer Tage rührt allerdings aus dem immensen Versatzbedarf der Abbaustellen in der letzten Betriebsperiode her. Bis in die letzten Produktionstage konnte sich die Grube Braunesumpf durch diese Bergemühlen (Gewinnungsstellen nur für Versatz beziehungsweise Verfüllmaterial) mit eigenem Versatz versorgen, was im Bergbau keine Selbstverständlichkeit ist.
Es erscheint ziemlich sicher, dass es hier oben keinen Lokbetrieb gegeben hat. Vielmehr ist anzunehmen, dass diese Förderwagen von mehreren Förderleuten geschoben wurden. Doch dem Einsatz der Muskelkraft sind objektive Grenzen gesetzt. Darum waren die Waggons auf diesen Ebenen kleiner. Durch Holzaufbau über dem eisernen Unterwagen wurde auch Gewicht eingespart.

Baubeispiel eines Holzkastenwagens

Um diese Arbeit zu erleichtern, wurden die Ebenen in Lastrichtung leicht fallend hergestellt. In der damaligen Zeit war der massenweise Einsatz von Rollern, das heißt Hunteschiebern im Bergbau generell sehr verbreitet. Erst die Zusammenstellung von bis zu acht Förderwagen als Zugverband erforderte eine Zuglok, weshalb ein Lokeinsatz erst ab dem Niveau der Ebene 5 – Ferienlager – nachgewiesen ist. Erinnerungen der ältesten Bergleute sprechen von starker Verrußung im Alten Holzberger Stollen, was den Dampflokeinsatz beweist. Spätere Bearbeiter haben nur die Ebenen, auf denen Lokbetrieb umging, gezählt, was die Differenz zwischen 5 und 7 Ebenen erklärt. Jahrzehntelang wurde die Industriebahn eben mehr aus dem Blickwinkel von Eisenbahnern, weniger aus dem der Bergleute heraus beurteilt. Als nach 1879/80 der Tagebau Holzberg die Tiefenlage des Tiefen Holzberger Stollens erreichte, ging die Erzförderung nur noch durch den im Tagebau einmündenden Stollen, die darüberliegenden Ebenen konnten abgeworfen werden. Der neue Eigentümer, die AG Harzer Werke zu Rübeland und Zorge, markierten ihren Feldbesitz, das heißt die Bereiche des genehmigten Abbaus, mit speziellen Grenzsteinen. Gelegentlich ist noch ein Exemplar mit den markanten Buchstaben H W für Harzer Werke dort zu entdecken.

Stufe 5: Ferienlager

Der „Alte Holzberger Stollen", der im Bereich der großen Holzberghalde am Zechenplatz zutage kam, wurde ein wichtiger Zubringerstollen.

Grenzstein des Grubenfeldes der Harzer Werke mit den Initialen HW

Jahrhundertelang hatte er vorwiegend zur Wasserlösung und zur Bergeabfuhr des Tagebaus „Hinterer Holzberg“ gedient. Im Zusammenhang mit dem Projekt rückte er erneut in den Focus. Die noch heute imposanten Schüttkörper der Hochhalde 4 bis in das Wehrbruchtal, ein kleines Seitental des Braunesumpfes, zeugen von den unerhörten Massen. Die Forstverwaltung wollte einer Überschüttung des berganführenden Wehrbruchtalweges nicht zustimmen, so dass das Grubenbahngleis im spitzen Winkel söhlig diesen Weg queren musste, um auf dem unmittelbar anschließenden rechtsseitigen Talhang weiterzuführen.

Ehemaliges Gefangenenlager, dann (1960) Ferienobjekt der Reichsbahn

Auf der dem Zechenplatz gegenüberliegenden Talseite konnte nun wieder viel Bergematerial abgelagert werden. So entstand teilweise ein Planum im Gelände, das ab 1940 für ein Wohnlager für belgische Kriegsgefangene, Soldaten des Stalag 9 (Altengrabow), nach Kriegsende für ledige Bergleute, ab 1960 als Kinderferienlager des Blankenburger Bahnbetriebswerkes genutzt wurde.
Der Tiefe Holzberger Stollen wurde zwecks Baukostenreduzierung wiederverwendet und in Höhe und Breite erweitert. So sparte man sich die Kosten für eine Neuauffahrung. Auch Lichtlöcher zur Rauchgasableitung entstanden neu. In söhliger Fortführung der Trasse ab Mundloch wurde diese Gleisanlage mit Regelspurweite bis auf das Gelände des vorgenannten Barackenkomplexes weitergeführt. Etwas außerhalb des eingefriedeten Grundstücks befand sich ein Sturzschacht, der bis auf den „Holzberger Querschlag" ging und mit einer Verschlusseinrichtung (Rollenschnauze, d. Verf.) versehen war. Der Holzberger Querschlag wurde eigens für das Projekt neu aufgefahren und erhielt von vornherein Lichtlöcher zum Abzug des Dampflokrauches. Bei stillstehenden Wettern funktionierte das Ableiten des Qualmes auf natürlichem Wege nicht, die Stollen füllten sich sehr schnell mit unangenehm beißenden Steinkohlenrauch. Dann musste der Lokführer, der zugleich auch Heizer war, mit nassem Lappen vor dem Mund die gefürchtete Zeit im Tunnel überbrücken. Auf diesem tieferen Niveau wurde nun untertage der nächste Zug befüllt. Nach 200 m Fahrt erreichte er im Bereich des späteren Bahnhofs „Braunesumpf" das Tageslicht.

Station Braunesumpf mit links abzweigendem Gleis zum Holzberger Querschlag

Naherliegender wäre eigentlich eine weiterhin söhlige Dammschüttung bis zum Bielsteintunnel. Denn erstens wäre reichlich Abraummaterial von der oberliegenden Hochhalde 4 verfügbar gewesen und zweitens hätte der Holzberger Querschlag nicht gefahren werden müssen. Da aber ein Protest der Rübeländer Hütte vorlag, durfte die Straße (heutige B 27) nicht überschüttet werden.

Dort traf auch der Erzzug aus Richtung Mühlenwegstollen auf die neue Trasse. Dadurch konnten die Erzmengen des Vorderen Holzbergs in den Förderfluss integriert werden. An diesem Abzweig wurden Zugbildungen vorgenommen.
Infolge der beabsichtigten Anlage der Erzstufenbahn rückte der Lodenbleeker-Mühlenweger Stollen besonders in den Fokus. Durch dessen Gleisanbindung konnten auch die Erze von den Revieren Lodenbleek, Leibefahr und dem vorderen Holzbergrevier zutage gefördert und dem System Erzstufenbahn zugeführt werden. Da die zum Einsatz kommenden Dampflokomotiven ein Lichtraumprofil von mehr als drei Metern Höhe erforderten, musste der Mühlenwegstollen, der bislang 2,20 m Firsthöhe hatte, auf 3,50 m nachgerissen werden. Aufgrund der hohen Kosten bis zum Erreichen des Mühlenweger Reviers verzichtete man auf kilometerlange Neuauffahrung, die bis in das Gebiet weit hinter den Bahnhof Hüttenrode zu führen gewesen wäre. Beim Erreichen des Lodenbleeklagers endet die hohe Firste. Die anders zu schmelzenden Mühlenwegerze wurden zunächst weiterhin mit Pferd und Wagen zur bestehenden Hütte Rübeland verbracht. Dort wurde nach alter Väter Sitte mit Holzkohle Eisen erschmolzen; ein Verfahren, das im neuen Werk zu Blankenburg als zu teuer und veraltet nicht angängig war. Die Hütte zu Blankenburg konnte dank eigenem Bahnanschluss auf westfälischen Steinkohlenkoks zurückgreifen.
Das mühsam nachgerissene große Profil dieses Stollens reichte nur bis zum westlichen Ende des Lodenbleek-Lagers, so dass dieses Lager und der Holzberg vorwiegend Blankenburg beliefern sollten.

Mundloch Mühlenwegstollen (2000)

Das 1500 Meter dahinter liegende Mühlenweg-Lager blieb gewissermaßen für die Rübelander Hütte reserviert. Doch der ungünstige Metallgehalt der Lodenbleekerze verlangte gebieterisch nach Beimischung der „besseren", weil eisenhaltigeren Holzbergerze.
Hier an der Weiche begann der eigentliche Transportweg, hier entstand aus einer anfänglich nur einfachen Baracke und dem Lokschuppen die spätere Bahnstation Braunesumpf. Der Name geht auf das vorbeiführende Tal, „der Braunesumpf" genannt, zurück. Nach dieser geografischen Bezeichnung wurde 1934 das gesamte Bergwerk benannt. Nach Zusammenführung beider Zubringergleise verließ die Bahn das Hüttenröder Eisenerzrevier; der Transport zum Hochofenwerk begann. Wieder ging es mit leichtem Gefälle in den eigens für dieses Projekt aufgefahrenen 465 Meter langen Bielsteintunnel.

Bahnhof Braunesumpf mit Tunnelportal um 1920

Dessen Auffahrung musste vorrangig fertiggestellt werden, um bei der nachfolgenden Auffahrung des Holzberger Querschlags das gesprengte Gesteinsmaterial durch eben diesen Bielsteintunnel in Richtung der zu bauenden Trasse abtransportieren zu können. Da auf der nachfolgenden Ebene aufgrund günstiger Topografie ein Teil dieses Haufwerks als Material zur Dammschüttung eingebaut werden konnte, die Trasse also schon herangeführt war, entschied Obersteiger Gärtner, die Schurre am Schnarrenkopf vorzeitig in Angriff zu nehmen. So konnten die restlichen Massen des anfallenden Vortriebsgesteins nutzbringend auf der nächsttieferen Ebene eingebaut werden.

Trassenverlauf kurz vor der Kippstelle am Schnarrenkopf

Dort galt es, ein Seitental des Wasserweges zu queren, was nur unter erneuter Schüttung eines beachtlichen Dammes erfolgen konnte. Es kam auf allen Ebenen darauf an, annähernd horizontal zu bauen, da die für den Einsatz vorgesehenen Lokomotiven ziemlich leistungsschwach waren. Auf ein leichtes Gefälle in Lastrichtung wurde konsequent geachtet. Denn aus Kostengründen sollten keine fremden Lokomotiven zugekauft werden, besaß man doch eine günstige Bezugsmöglichkeit für kleine Dampfloks in der konzerneigenen Maschinenfabrik Zorge! Dort wurden sechs Dampfloks für das Projekt „Erzstufenbahn Hüttenrode“ mit stehendem Kessel und der Achsformel B gebaut.

Ähnliche Stehkessellok

Diese Eigenentwicklung von 7,5 Tonnen Gesamtmasse, von denen fünf Stück nachweislich angeliefert und zum Einsatz kamen, konnte 100 Tonnen Last bei max. 10 km/h ziehen. Allerdings nur in der Ebene! Selbst für damalige Verhältnisse galt diese Lokbaureihe als leistungsschwach, aber für diese Strecke ausreichend. Schneller zu fahren war gefährlich, da die Waggons keine durchgehende Bremse besaßen. Die Züge bestanden gewöhnlich aus maximal zehn zweiachsigen Kippwagen mit eisernem Rahmengestell und seitwärts kippbaren Holzkasten, welcher mit Eisenblechen ausgeschlagen war. Eiserne Trichterwagen mit 13,1 t Ladegewicht, ebenfalls eine Eigenentwicklung der AG Harzer Werke, kamen erst ab 1885 und wurden später auf der Harzbahn bis 1914 weitergenutzt.

Detail am Achslager des Trichterwagens

Die sechste Lok aus dieser Serie wurde 1873 auf der Weltausstellung in Wien ausgestellt. Inwieweit es dann zu Folgeaufträgen an die Maschinenfabrik Zorge gekommen war, ist nicht bekannt. Ebenfalls unbekannt ist der Verbleib der Ausstellungslok, denn obwohl neuere Forschungen weitere Niveaus des Stufenbahnsystems nachweisen konnten, wurden definitiv nur fünf Maschinen hier eingesetzt. Der personalintensive Betrieb wurde nur bei Tageslicht und, bei winterlichem Wetter eingeschränkt, gefahren.

Am Schnarrenkopf und Eichenberg wurde in eine Trichterschurre gekippt, das heißt der untere Teil der Schurre ging in einen Sturzschacht über. Der endete wieder senkrecht auf einen kurzen Stollen mit den vorgenannten Abmaßen.

Kippstelle Schnarrenkopf vom Wasserweg aus gesehen

Stufe 3: Viadukt Wasserweg

Die jetzt folgende Ebene ist heute noch gut im Gelände zu belaufen. Ausfahrend aus dem kurzen Schnarrenkopfstollen erreichte die Bahn alsbald den Einschnitt des Wasserwegtales. Es entstand zur Überquerung des Wasserweges ein Viadukt, in dem sehr gekonnt in Natursteinmauerwerk ein hochprofiliger Durchlass für Fuhrwerke eingebaut wurde.

Viadukt im Wasserwegsgrund

Seinerzeit bedurfte die Holzabfuhr solcher Transportwege, genutzt wurde dieser Weg auch zur Versorgung der „Kaiserwarte“. Nach Passieren des Viaduktes wird die

Strecke an den Steilhang des Eichenberges geführt. Der heutige imposante Keratophyrsteinbruch, der eine tiefe Narbe in den Berg geschlagen hat, existierte damals noch nicht. An seiner Stelle befand sich ein weiterer Sturzschacht, der dem späteren Steinbruchbetrieb zum Opfer fiel.

Städtischer Steinbruch am Eichenberg; oben Trasse 3, unten Trasse 2

Diese Stufe erforderte nach Starkregenfällen wiederholte Instandsetzungen. „Wasserweg" – Nomen est omen? Doch als die Naturgewalten 1905 eine nie dagewesene Regenwasserflut hier niedergehen ließen, wurden dieses Tal und die darunterliegende Stadt sehr stark verwüstet. Da lag der Betrieb auf der Erzstufenbahn aber bereits 20 Jahre zurück.

Stufe 2: Nördlicher Eichenberg/Hospitalholz

Noch heute gut zu erkennen ist das Mundloch des nächsttieferen Eichenbergstollens am Fuße des ehemaligen städtischen Steinbruchs. Von dort führte die Trasse weiterhin im Tal des Wasserweges in Richtung des nordöstlichen Ausläufers des Eichenbergmassives. Da die Talsohle mit beachtlichem Gefälle der Stadt zulief, befand sich die Bahntrasse – beinah söhlig – alsbald hoch über dem Fahrweg des Wasserweges. Ein Teilstück des geschütteten Dammes konnte daher als Auslauf der gegenüberliegenden Blankenburger Skisprungschanze dienen. Nach 300 Meter war die Fahrt schon wieder vorbei. Die allfällige Schurre zum darunterliegenden Stollen befand sich im Bereich der heutigen Wochenendhaussiedlung auf der ehemaligen

Osterwiese. Hier wurde letztmalig gekippt, der darunterliegende Stollen entsprach schon dem Niveau des Hochofenwerkes. Doch mit diesem Stollen gab es schon bald schwerwiegende bergtechnische Probleme. Der neue Hüttenstollen durchquerte die Harznordrandstörung, die so instabil war, dass sie nach sehr kurzer Zeit den Stollen zusammenbrechen ließ. Die Erzversorgung der Hütte wurde ernsthaft gefährdet.
Wie sollte man weiter verfahren? Den Stollen mit Stützausbau versehen wäre eine Variante gewesen. Weil solcher Ausbau aber nicht dauerhaft genug erschien, entschied man sich dafür, den Stollen zu verkürzen. Das war preiswerter als ein Ausbau und die gesamte Anpassung war nach drei Wochen abgeschlossen. So blieb man gewissermaßen vor dem Erreichen der schwer zu beherrschenden Harznordrandstörung stehen, ergo im sicheren Bereich. Diese Verkürzung untertage zog allerdings eine Verlängerung der darüberliegenden Ebene nach sich, die also weiter um das Hospitalholz herumgezogen werden musste. Infolge der Auflassung der ursprünglichen Kippstelle war eine übertägige Neutrassierung von zusätzlichen 180 Meter bis zur neuen Kippstelle erforderlich. Sie befand sich auf einem privaten Grundstück oberhalb der Kleingartenanlage „Glück auf".

Ende und Kippstelle der Trasse 2 am Hospitalholz

Direkt an der Harzkante gelegen, hat man von dort einen schönen Ausblick auf die Burg Regenstein und das nördliche Harzvorland.
Alle Kippstellen waren zum Wetter- und wohl auch Staubschutz mit Fachwerkskonstruktionen eingehaust. Trotzdem gab es, wohl wegen der Geräusche beim Kippen, einigen Ärger mit den Insassen des Hospitals am Eichenberg.

Für das letzte und damit zuunterst liegende Niveau der Erzstufenbahn wurde die Neuanlage eines weiteren Stollens erforderlich. Dieser wurde „Hüttenstollen“ genannt und besaß ebenfalls zwei Lichtlöcher zum Rauchabzug. Angesetzt in unmittelbarer Nähe der „Harzer Werke“ führte er 690 Meter geradlinig in den Berg. Dabei wurden alle geologischen Schichten des Vorharzes im rechten Winkel durchquert, so dass dieser Stollen einen hervorragenden geologischen Aufschluss darstellt.

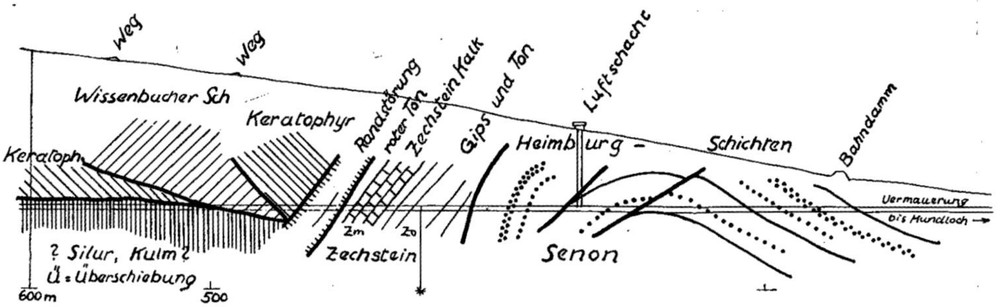

Geologische Formationen des Hüttenstollens

Doch die bei 410 Meter angetroffenen Zechsteinformationen waren nicht standfest. Deutete schon das Durchörtern von steilstehenden Schichten, bestehend aus Fasergipsen, rotem Ton und Zechstein-Kalken unangenehme Veränderungen an, so markierte die folgende Schicht aus rotem Ton und Schiefer Mulm die erreichte Harznord randstörung. Die war freilich vorher nicht bekannt gewesen. Nach Durchfahren der fünf Meter breiten Gefahrenzone glaubte man aufatmen zu können, folgten doch unmittelbar anschließend die Schichten des Wissenbacher Schiefers, die hier vorwiegend Keratophyr führten. Da wurde das Gebirge wieder ordentlich standfest.
Doch nur wenige Wochen nach Betriebsaufnahme im Mai 1875 hatten die Schichten der Störungszone so viel Wasser aufgenommen, dass durch den Quellprozess mit anschließender Volumenzunahme dieser Gesteine der Hüttenstollen im Bereich der Harznordrandstörung bei 430 Metern vollständig zusammenbrach. Der Verfüllungsgrad war so dicht, dass seit dieser Zeit kein Mensch mehr den hinteren Stollenteil geschaut, geschweige denn befahren hat. Wiederaufwältigen war zu teuer und reine Zeitverschwendung. Pragmatisch verkürzte man den Stollen und verlängerte die darüberliegende Ebene.
Die Trasse führte nach Verlassen des Hüttenstollens ziemlich gerade über einen ebenfalls aufgeschütteten Damm entlang des unteren Teils der Weststraße, kreuzte die Michaelsteiner Chaussee, die mittels einer Brücke überspannt wurde.

Hochofenwerk Harzer Werke um 1895

Dann war das Betriebsgelände der „Harzer Werke" erreicht. In unmittelbarer Nähe der Hochöfen wurde die Erzsturzhalde beliefert. Von dort wurde dann das Hüttenröder Eisenerz dem Möller zugemischt. Im oberen Teil des Hochofens, der Gicht, gab man Koks und Möller in den Hochofen. Dort wurden auch die Schmelzabgase (Gichtgase) abgezogen.

Bald schon sahen sich die Harzer Werke mit einem neuen Problem konfrontiert, zogen doch diese übelriechenden Gichtgase bei Ostwind Richtung Stadt. Dort betraf es zuerst das nahegelegene Villenviertel am Westend. Deren meist prominente Besitzer waren darüber „not amused" und nutzten ihren Einfluss bei der Stadtverwaltung, um diesen Zustand zu beenden.

Villen in Blankenburg

Bereits als die Pläne zur Errichtung des Hüttenwerkes vor den Toren der Stadt bekannt wurden, gab es Proteste aus dem Westend. Zum Ende des 19. Jahrhunderts hatte sich in den meisten deutschen Städten für die Villenbaugebiete die Bezeichnung „Westend" durchgesetzt. Man folgte dem Vorbild aus London, denn bei der in Mitteleuropa vorherrschenden Westwindrichtung war im Zeitalter der Kohle die Windrichtung sehr wichtig für die Lage der Wohnquartiere der Hautevolee. Berlin, Offenbach, Wiesbaden, Bremen und Frankfurt a.M. leisteten sich „Westends" mit exklusiver Bebauung.
So kam auch Blankenburg, seinerzeit ein beliebtes „Pensionopolis", zu seinem Stadtteilnamen Westend. Aufgrund der anhaltenden Proteste sahen sich die Harzer Werke zur Errichtung eines hohen Schornsteins gezwungen.
Der Hüttenstollen sollte in anderem Zusammenhang fünf Jahrzehnte später noch eine wichtige Rolle für den Braunesumpfbergbau spielen.
Zusammen mit dem Bau der Trasse wurde eine gusseiserne Wasserleitung von den Erzstollen im Hüttenröder Revier nach Blankenburg verlegt, um das anfallende Bergwerkswasser zur Kühlung der Winddüsen an den Hochöfen nutzen zu können. Auch vom Antrieb einer Wasserturbine wird berichtet. Darüber hinaus existierte auf jeder Ebene ein Vorratsbassin, gespeist von derselben Leitung, denn eine Dampflok benötigt zum Betrieb nun einmal Wasser!

Wasserfassung für Lokspeisewasser an der Station Braunesumpf

Die benötigten Steinkohlen wurden mühselig mit Pferdefuhrwerken über Waldwege zu den betreffenden Ebenen angeliefert. Die gusseiserne Wasserleitung wurde teilweise nach Betriebseinstellung abgebaut. Deren sehr schlecht zugängliche oberen Teilstücke konnten erst 1951 im Rahmen einer Schrottaktion von der FDJ geborgen werden. Die Leitung brachte den größten Teil der im vorderen und hinteren Holzberg angefallenen Wässer zum Hüttenwerk, entzog diese mithin dem Braunesumpftal. Erst nach Einstellung des Bahnbetriebes mit Wegfall des wasserbedürftigen Dampf-

lokbetriebes normalisierten sich die Wasserverhälnisse im Braunesumpftal wieder. Als lange nach Einstellung der Erzstufenbahn im Zusammenhang mit dem Vortrieb des Burchardt-Stollens um 1930 erneut ein Wasserentzug im Braunesumpftal aufgeworfen wurde, erinnerte man sich des vermeintlichen Präzedenzfalles. Doch obwohl die Harzer Werke 1938 vom OLG Braunschweig des Eingriffs in das Wasserregime des Braunesumpfbaches – und somit der wirtschaftlichen Schädigung der Unterlieger, herzogliches Schloß und zwei Mühlenbesitzer – schuldig gesprochen wurden, geschah: Nichts! Noch heute kommt das Bergwerkswasser an einer nicht der Natur entsprechenden Stelle zutage. Immerhin bestand in Braunesumpf bis zum Ende der Dampflokära die Möglichkeit, Lokwasser zu nehmen.
Vom Baubeginn 1872 bis zur Einstellung zum Jahresende 1885 erstreckte sich die Betriebszeit dieser ungewöhnlichen Bahn. Doch war der Direktion der „Harzer Werke“ von vornherein klar, dass diese Art des Erztransportes nur eine Zwischenlösung sein konnte. Um 1881 begann Direktor Schneider mit den Planungen für eine normalspurige Eisenbahnstrecke von Blankenburg in den Harz hinauf, vor allem um das Betriebsergebnis zu verbessern. Also wurde der eigene Einfluss in der Halberstadt-Blankenburger-Eisenbahngesellschaft genutzt, um diese zu einem Streckenbau in den Harz hinauf zu bewegen. Eine Verlängerung der bestehenden Halberstadt-Blankenburger-Eisenbahn in den Harz hinein bot die verlockende Möglichkeit, an dem Abtransport der dort anfallenden Rohstoffe, wozu auch große Holzmengen aus den Harzer Wäldern gerechnet wurden, kräftig zu verdienen. Auch die Abhängigkeit der Strecke nach Halberstadt von den Erzeugnissen der Hütte konnte abgemildert werden.
Das scheiterte zunächst an der Unmöglichkeit, solche Steigungen eisenbahntechnisch zu überwinden. Der erfahrene Bahndirektor Schneider vermochte durch den Rückgriff auf die bedeutsame Erfindung der Lamellenzahnstange von Roman Abt die gewünschte Strecke zwar zu bauen. Er musste bei der Streckenfindung hoch in den Harz hinauf aber in jedem Fall „Braunesumpf“ erreichen, denn die neue Bahn sollte den Erztransport als Ersatz für die stillzulegende Erzstufenbahn übernehmen. Es existierte da bereits ein drei Kilometer langes Anschlussgleis der HBE an die Hütte der Harzer Werke. Unmittelbar nach dem Bahnübergang am Westend schwenkte die Trasse in einer starken Rechtskurve Richtung Weststraße, überquerte dieselbe und vereinigte sich kurz danach mit dem Gleis der Erzstufenbahn. Dort am Westend setzte A. Schneider seine Neubautrasse via Bast-Michaelstein an und bis heute wird genau diese Trassenführung genutzt. Das Anschlussgleis ist erst mit der Beendigung der provisorischen Erzverladung am Westend in Wegfall gekommen.
Doch der Harzaufstieg von Blankenburg via Hüttenrode ist für eine Eisenbahn extrem verkehrswidrig. Eine Spitzkehre, bau- und betriebstechnisch sehr unbeliebt, wurde unumgänglich. Anderenorts wäre zwar der Harzaufstieg leichter möglich, nicht jedoch die Hüttenröder Erzbasis zu erreichen gewesen. Braunesumpf erhielt ein Stationsgebäude und war hinfort ein „offizieller“ Bahnhof.
Jahrzehnte später, die HBE wollte Betriebskosten einsparen, erinnerte man sich der

früher schon einmal angedachten Trassenvarianten. Doch die Träume zerplatzten an den enormen Baukosten. Bis zum heutigen Tag finden sich die steilsten Steigungen und auch die Spitzkehre auf der alten Trasse. Gerade die Erzfrachten waren ein Garant für eine gute Ertragslage der HBE, denn alle weiteren Transportgüter und somit auch Einnahmen, wie zum Beispiel Elbingeröder Eisenerz, Kalk oder Holz waren zunächst nur beabsichtigte Projekte und daher etwas unsicher.

Mit der Inbetriebnahme des Bahnabschnittes bis Hüttenrode wurde die kostenintensive Stufenbahn umgehend stillgelegt und demontiert. Brauchbare Dinge wurden möglichst nachgenutzt, die Harzbahn war teuer errichtet worden und ohnehin galt die HBE als sparsame Bahngesellschaft. Der Wanderer auf den Spuren dieser alten Erzbahn wird daher vergeblich nach Artefakten aus dem Bahnbetrieb Ausschau halten. Stillgelegte Bahntrassen heutiger Tage bieten ein völlig anderes Bild! Das Personal, insbesondere Lokführer und Bremser, wurde übernommen.

Für weitere zehn Jahre verantwortete die Bahn mit den von der Erzstufenbahn ebenfalls übernommenen eisernen Trichterwaggons die Erzabfuhr zur Hütte nach Blankenburg, bis 1895 die Hochöfen dort für immer ausgeblasen wurden. Damit fiel die Hütte als Abnehmer des Eisenerzes weg. 2018 konnte nach Hinweisen des Hamburger Eisenbahnforschers Sven Fürstenau solch ein Trichterwagen der ehemaligen HBE in Magdeburg entdeckt und richtig zugeordnet werden, ein lokalgeschichtlich bedeutsamer Fund! Immer war der Transport von Eisenerz bestimmend, so verwundert es kaum, dass die „neue“ Trasse unweit der „alten“ Erzstufenbahntrasse verlief. Auch heute noch kommen sich beide Trassen nahe, schneiden und entfernen sich wieder. Insgesamt brachte es die Erzstufenbahn unter Zusammenrechnung aller Stufen auf ungefähr 4000 Meter Gesamtlänge.

Die Auslastung der Stufenbahn war schwankend. Es kam sehr auf die Abrufe der Hütte zu Blankenburg an. Vor dem Hintergrund des verkaufbaren Eisenabsatzes wurden in Blankenburg die Hochöfen betrieben. Ausgelegt für 100.000 Tonnen Jahresdurchsatz, konnte diese Kapazität allerdings nie erreicht werden. Unmittelbar nach dem Beschluss zur Errichtung des neuen Werkes schlugen die Börsenunruhen 1873 hohe Wellen bis in die Provinz. Wurde anfänglich noch die Erzeugung von 20000 Tonnen bejubelt, musste man bald mit 7000 Tonnen zufrieden sein. Es zeigte sich zusehends, dass das Hüttenwerk nicht gegen die Konkurrenz der Stahlgiganten an Rhein und Ruhr bestehen konnte. Schon 1875 sprach der Eigentümer von einer Fehlentscheidung. Der Markt für Eisen und Stahl im Deutschen Reich war bei der Gründung der Harzer Werke AG falsch eingeschätzt worden.

Insgesamt wird die Erzstufenbahn im Zeitraum von 1875 bis 1885 wohl 406000 Tonnen Eisenerz transportiert haben, was einem Jahresmittel von rund 40000 Tonnen entspräche.

Mit der Inbetriebnahme der Harzbahn (später Rübelandbahn) konnten Erzzüge in Braunesumpf direkt nach Blankenburg abgefertigt werden, der aufwändige Transport über die Ebenen entfiel. Der Transport wurde preiswerter. Die Abförderung aus dem Tage- und Tiefbau erfolgte nur noch über den Mühlenwegstollen, das dahinterliegende Streckennetz des Bergwerkes wurde beträchtlich in Richtung Hinterer Holzberg erweitert. Praktisch wurde die große Lagerstätte Holzberg komplett unterfahren. Der Alte Holzberger Stollen und auch der Holzberger Querschlag wurden abgeworfen und verfielen. Es wäre eine lohnende Aufgabe für ernsthaften Fledermausschutz, solche Mundlöcher zu öffnen, fachgerecht zu sanieren und landschaftsästhetisch (Mundlochportale) herzurichten.

Hier werden Mühlenwegerze in Reichsbahnwaggons gekippt

Übertage, etwa 200 Meter vom Mundloch des Lodenbleek-Mühlenweger Stollens entfernt, wurde eine weitere Verladeeinrichtung gebaut, die bis 1959 in Betrieb war. Sie diente als Keimzelle für die später errichteten Tagesanlagen des nach der Bahnstation benannten Bergwerkes „Braunesumpf“. Hier wurde das Braunesumpferz der Bahn übergeben. Als Relikt aus dieser Zeit hielt sich noch weitere zehn Jahre die Normalspur im Mühlenweger Stollen, bis Obersteiger Beel diesen belastenden Kostenfaktor beseitigte, indem er die Gleisanlage im Stollen auf die im Bergbau allgemein übliche Spurweite der Grubenbahn von 600 Millimeter umbauen ließ. Noch heute künden einige Teilbereiche des Mühlenwegstollens mit ungewöhnlichen bergtechnischen Dimensionen von der kurzen Betriebsperiode der Erzstufenbahn. Besonders hinweisend und in diesem Fall bewahrenswert ist die immer noch vorhandene starke Verrußung weiter Stollenabschnitte infolge Dampflokrauchs.

Die Erzstufenbahn hatte ausgedient, nun übernahm ihre jüngere Schwester, als Harzbahn bald bekannt, ab 1885 den Betrieb. 35 Jahre diente das Zahnstangensystem sicher und zuverlässig dem Bahnbetrieb auf der Steilstrecke. Doch die Zugfahrt für die kurze Strecke war von langer Zeitdauer und das System sehr wartungsintensiv. Es reifte ein technischer Umbruch heran und wieder einmal sollte diese kleine Bahnstrecke Technikgeschichte schreiben! Mit den Lokomotiven der Tierklasse wurde ein Betrieb ohne Zahnstangen möglich. Die Zuglasten und somit die Menge der transportierten Tonnage erhöhten sich bedeutend. Bis heute gilt diese Bahn als die steilste normalspurige Adhäsionsbahn in Europa. Einen Einblick in diese epochale Umwälzung des Bahnbetriebes gibt uns eine Erzählung von Günther Ritzau: „Spitzenkehre Wellerwald“. Wenn auch verfremdet, erkennt der Leser die Spitzenkehre Wellerwald als Bast-Michaelstein, den Bahndirektor Steinhoff und die Lokomotivenfabrik Borsig. Mit richtigem Namen im Text erscheint die Lokomotive „Mammut“ und die Bahnstation „Braunesumpf“.

Hochdamm vor der Brech-und Siebanlage

Von 1873 bis zum Jahr 1959 wurde stets das Fördererz auf dem Betriebsgelände der Harzer Werke übergeben und dann abgefahren. Erst mit Inbetriebnahme der Erzförderung durch den Walter-Hartmann-Stollen 1960 ging die gesamte Fördermenge des Bergwerkes mit der Grubenbahn Richtung Blankenburg Westend. Bereits ab 1951 wurde die neue Förderachse teilweise genutzt. Der Stollen, der ursprünglich den Namen Wilhelm Burchardt Stollen trug, nutzte den vorhandenen Hüttenstollen, so dass die Erze zwar fast wie früher via Harzer Werke ankamen, diesmal aber nicht mehr als Endstation das Blankenburger Hochofenwerk hatten – das gab es nicht mehr – sondern zu den neu errichteten Verladebunkern in der Brech- und Siebanlage neben den „VEB Harzer Werken“ gefahren wurden. Täglich wurde nun dort ein 1000 Tonnen-Zug abgefertigt, das Ziel hieß: BHK Calbe.

Angaben zu den Stehkessellokomotiven auf der Erzstufenbahn

Nach „Schaltenbrands Lokomotivatlas" 1876 hatten die in Zorge gebauten Loks der Erzstufenbahn folgende technische Parameter:

Spurweite	1435 mm
Achsfolge	B n 2
Radstand	1568 mm
Länge über Puffer	3680 mm
Höhe, einschl. Schornstein	3540 mm
Zylinderdurchmesser	200 mm
Kolbenhub	250 mm
Treibraddurchmesser	500 mm
Achsenabstand	1568 mm
Kesseldurchmesser (licht)	1126 mm
Anzahl d. Heizrohre	104 Stk.
Lichte Länge d. Heizrohre	800 mm
Innendurchmesser d. Heizrohre	45 mm
Außendurchmesser d. Heizrohre	51 mm
Heizfläche in den Röhren	8,2 qm
Heizfläche im Feuerraum	2,6 qm
Feuerraum	800 x 80 mm

Gesamtheizfläche	10,86 qm
Rauchkammerdurchmesser	900 mm
Rauchkammerlänge (-höhe)	300 mm
Kamindurchmesser	225 mm
Kaminlänge	1250 mm
Wasser im Kessel	450 l
Wasservorrat	622 l
Kohle	500 kg
Gewicht, leer	7500 kg
Dienstgewicht	8750 kg
Höchstgeschwindigkeit	10 km/h
Zuglast	100 t

Wahrscheinlich aufgrund äußerster Längenbeschränkung besaßen die Lokomotiven stehende Kessel, die in einer eisernen Plattform von 2760 mm Länge und 2000 mm Breite eingehängt waren. 120 mm starke Pufferbohlen aus Holz mit 340 mm langen Holzpuffern dienten zur Stoßdämpfung. Damit besaß so eine Lokomotive eine Gesamtlänge von nur 3680 mm (LüP).

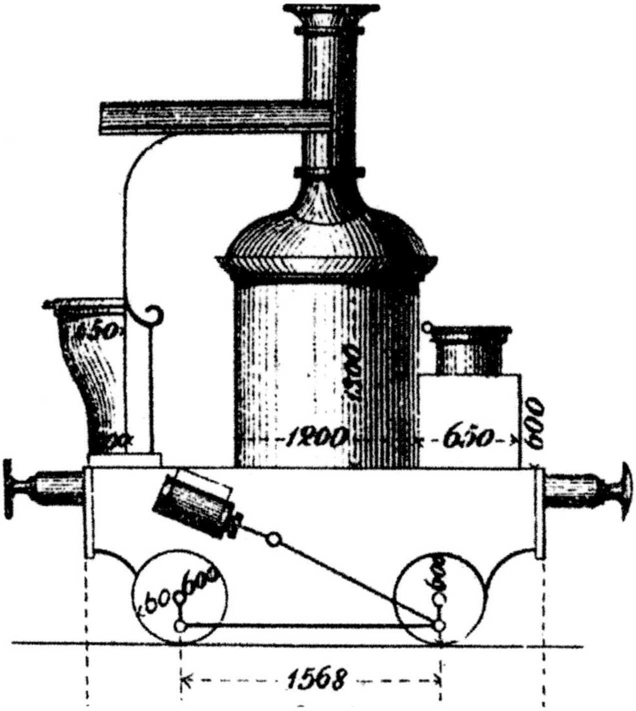

Schnitt durch eine Lokomotive der Erzstufenbahn

Der Feuerraum des Kessels lag unter der Plattform zwischen dem Maschinenrahmen, wo sich auch der Wasservorratsbehälter befand. Um dem Lokführer, der zugleich auch die Heizung zu besorgen hatte, etwas mehr Bewegungsraum zu schaffen, war der Kessel wie auch das Achsenpaar etwas nach vorn versetzt. Die Zylinder lagen schräg nach vorn geneigt über der hinteren Achse, die mit der vornliegenden Treibachse gekuppelt war. Schutz gegen Witterungsunbilden bot dem Führer nur ein gewölbtes Blechdach, welches von der Kesselmitte bis zu dem am Heck befindlichen Kohlenkasten reichte. Letzterer hatte ein Aufnahmevermögen von 500 kg. Da der Kessel einen Außendurchmesser von nur 1126 mm aufwies, vermochte sich der Führer auf der gesamten Plattform frei zu bewegen und konnte sich nötigenfalls bei Vorwärtsfahrt auch am Bug der Maschine aufhalten, wo sich auch die Umsteuerung befand, welche durch Auswechseln der Dampf-Aus-und-Einströmung mittels eines Sonderschiebers erfolgen musste.
Es scheint, als habe der Konstrukteur dieses merkwürdigen Maschinchens wahrscheinlich älteste amerikanische Modelle zum Vorbild genommen. Von 1871 bis 1879 sind 40 Lokomotiven dieser Art in Zorge gebaut worden. Von den einst hier stationierten Loks ist 1906 in den Werkstätten der Halberstadt-Blankenburger-Eisenbahn immerhin noch ein Exemplar repariert worden, wie bei ihren Schwestern ist der Verbleib leider nicht geklärt.

Die Zeit der Erzstufenbahn endete 1885 und nahtlos übernahm die Harzbahn die Erztransporte.
Die weitere Entwicklung der Bahn zwischen Blankenburg und Tanne darzustellen wäre sicher reizvoll, allein die Flut der bereits existierenden Veröffentlichungen bedeutender Eisenbahnexperten lässt ein solches Vorhaben nicht recht sinnvoll erscheinen. Auf die Werke solcher Autoren wie W. Steinke, D. Endrisch u.v.a.m. sei im Literaturverzeichnis hingewiesen.
Jedoch lohnt es sich, einen Blick auf die bedeutendsten Meilensteine der Geschichte dieser Bahn zu werfen.

Eine neue Trasse - bergauf mittels Zahnradlok

Eine epochale Umwälzung des Eisenbahntransportwesens im Mittelharz bahnte sich ab 1885 an. Die Halberstadt-Blankenburger-Eisenbahngesellschaft war die erste weltweit, die einer neuen Erfindung ihr Vertrauen schenkte. Bahndirektor Albert Schneider, der schon die Trasse festlegte und dabei auf die ungewöhnliche Spitzkehre (Bast-Michaelstein) zurückgriff, setzte die dreiteilige Lamellenzahnstange des Schweizer Konstrukteurs Roman Abt hier erfolgreich ein. Die 27 Kilometer Streckenlänge enthielten insgesamt 7,5 Kilometer Abschnitte mit Zahnstangen, auf denen mit 7,5 km/h gefahren werden durfte. Nur so war es möglich, die steilen Harzaufstiege eisenbahntechnisch zu meistern. Das neue Transportmittel führte dann auch zum Aufschwung der Industrie, insbesondere der Kalkwerke.

Bessere Bremsen

Doch nach rund zwanzig Betriebsjahren und immer mehr zunehmendem Güterverkehr reichten die Fahrzeiten nicht mehr aus. Einer Erhöhung der Zuggeschwindigkeiten stand das Bremsenproblem sehr entgegen. Nach umfangreichen Versuchsfahrten fuhr die HBE ab 1910 nur noch Züge mit reiner Druckluftbremse, ein Novum bei den regelspurigen Bahnen Europas.

Die Zahnstangen können entfallen

1920 wurde auf Anregung und Bestellung durch die HBE bei Borsig in Berlin eine Berglokomotive entwickelt, die in Steigung und Gefälle in der Lage war, Züge sicher zu befördern. Zahnstangen konnten entfernt werden, das Zeitalter der Adhäsionsbahn begann. Die Loks der Tierklasse (genannt Mammut, Büffel, Elch und Wisent) dienten als Vorbild für Bergloks der Baureihe 95, die als „Bergkönigin" weithin Bekanntheit erlangte. Die heutige Museumslok 95027 gehört zu dieser legendären Baureihe.

Der Dampflokeinsatz geht zu Ende – die Zukunft gehört den E-Loks

Das großangelegte Chemieprogramm der DDR erforderte große Mengen Kalk aus dem Elbingeröder Raum. Doch auch die Erzproduktion der Harzer Eisenerzgruben Hüttenrode sollte von 800.000 Tonnen auf perspektivisch 1.6 Millionen Tonnen erhöht werden. Das konnten Dampflok bespannte Züge nicht mehr bewältigen, selbst wenn mit zwei Zug- und einer Schublok gefahren wurde. Den Ausweg bot die elektrische Traktion. Doch da ein Anschluss an das bestehende Bahnstromnetz nicht in Frage kam, musste eine Insellösung her. Aus dem Landesnetz eingespeist, fuhren die E-Loks mit 25 KV und 50 Hz. Eigens für diese Strecke wurden E-Loks zielgerichtet umgebaut. Die heutige Baureihe 171 entstand. Gleichzeitig wurden mehrere Bahnhöfe und auch Streckenabschnitte umgestaltet, um die längeren Züge sicher fahren zu können. Ab 1965 bürgerte sich der Name Rübelandbahn ein.

Privatisierung der Bahn

Nach 1990 begann eine Zeit der Unsicherheit für den Weiterbestand der Bahn, ging doch das Frachtaufkommen drastisch zurück. Mehrfach war der Bestand der Strecke ernsthaft in Gefahr. Als dann aus Kostengründen der umweltfreundliche E-Lokbetrieb abgeschafft und preiswertem Dieselbetrieb der Vorzug gegeben werden sollte, brach in den Anliegerkommunen ein Sturm der Empörung los. Mehrere Bürgerinitiativen und sogar eine Bürgermeisterallianz unter der Führung Hüttenrodes artikulierten deutlich Widerstand. Letztlich wurde die Betriebsführung durch den Hauptfrachtauftraggeber „Fels-Werke“ neu organisiert und später die gesamte Strecke in ihr Eigentum genommen. Eine umfangreiche Modernisierung der nun rein güterverkehrsrechtlichen Anschlussbahn (bis zum Kalkwerk Hornberg) erfolgte und machte die Bahn fit für den Weiterbetrieb. Es gelang mit Unterstützung durch die Landesregierung Sachsen-Anhalts, Traditionsfahrten mit einer Original-Dampflok auf der Strecke zu organisieren. Die Bergkönigin 95027 befördert nun Touristen über die Steilrampen bis nach Rübeland, wo weitere touristische Entdeckungen warten.

Steilstreckenerprobungen und -zulassungen

Immer noch dient diese Steilstrecke zur Erprobung und Zulassung neuer Loks und Maschinen. Wenn auch die meisten dieser Entwicklungen hier nicht eingesetzt werden, so ist es für jeden Eisenbahnfreund interessant zu sehen, wie sich solch ungewöhnlichen Loks hier wacker schlagen.
Einige Impressionen von diesen Versuchsfahrten zeigen die folgenden, wenig bekannten Bilder.
Sie mögen unserer Zeitreise die letzten Pinselstriche verleihen.

Zum Abschlußfoto haben sich hier die alten Recken der Steilstrecke versammelt – die schwere Baureihe 171.

Einer der letzten Einsätze der denkmalgeschützten Lok 171002 auf der Braunesumpframpe. Fast 40 Jahre dienten diese schweren Loks treu dem Güter- und Personenverkehr.

Auftakt eines Abschieds. Zusammenstellung des Lokzuges via Zwickau. Die grüne Lok im Zug wurde (weil denkmalgeschützt) in Blankenburg belassen. Die Loks besaßen ein Gewicht von 124 Tonnen, drei Achsen/ Drehgestell und leisteten 3600 Kw.

Die 189 leistete ein ehrenvolles Gastspiel auf der Steilstrecke. Eine Viersystemlok aus der Euro Sprinter Familie von Siemens mit 87 Tonnen, zwei Achsen/Drehgestell und 6400 kw.

Die 189 durchfährt den Personenbahnhof Hüttenrode. In diesem Scheitelbahnhof musste die Geschwindigkeit stark vermindert werden, denn unmittelbar nach dem Stellwerk B 2 (heute: „Hüttenröder Zechenhaus" des Bergvereins zu Hüttenrode) begann das starke Gefälle. Ab hier müssen Zug- und Bremslok schwere Arbeit leisten.

Hier grüßt die 189050-8 in Höhe desTurbinenweges. Talwärts bildet diese Stelle in etwa das Ende der Gefällstrecke..

Auch Versuche mit Großdieseln aus sowjetischer Produktion hat es gegeben, schließlich hat die Deutsche Bahn viele Exemplare von der Deutschen Reichsbahn übernommen. In Blankenburg sehen wir zwei Vertreter der Baureihe 232. Aber auch Modifikationen dieser Baureihe waren hier, Giganten mit 124 Tonnen und bis zu 2600 Kw. In Eisenbahnerkreisen kursiert der Spitzname „Ludmilla“ für diese Schönheit; warum wohl?

Januar 2005. Vorbei am tief verschneiten Bahnübergang Turbinenweg jagt die Baureihe 185, die neue „Bergkönigin“, ihren Zug am Fuße der Rampe von Braunesumpf aufwärts. Bei schwerer Zuglast und glatter Schiene gibt es für einen erfahrenen Lokführer nichts zu verschenken.

Mit der Baureihe 250, genannt der „Blue Tiger“, lieferte Bombardier einen 126 Tonnen-Koloss, der seinem Dieselmotor 2460 kw entlocken kann. Die meisten Loks der Reihe laufen in Pakistan und Malaysia. Unverkennbar das amerikanische Design, sehr gewöhnungsbedürftig für das deutsche Auge und Ohr.

Ebenfalls von Bombardier kam die Baureihe 246. Der TRAXX-Baukasten lieferte ein Dieselgefährt von 85 Tonnen mit ca. 2200 kw.

Rechts zu sehen: Ein in den Farben der Havelländischen Eisenbahn Aktiengesellschaft umgestalteter Blue Tiger, läuft dort unter V 330.3.

Am 25.6.2007 wurde die ex V 60 der OHE auf der Strecke gesichtet.

Wieder eine große Diesellok, die 285 von Bombardier mit bis zu 2250 kw. Die Ähnlichkeit mit ihrer elektrischen Schwester 185 ist unübersehbar, haben doch beide in etwa den gleichen Lokkasten. Suchtipp: Achten Sie auf das Vorhandensein des Stromabnehmers!

Ein Bild mit Symbolwert! Spitzenvertreter von Bergbau und Eisenbahn treffen anläßlich einer Loknamensweihe in Rübeland am 17.4.2009 zusammen. (v.l.: J. Paul, Konzernbevollmächtigter der DB für Sachsen-Anhalt, A. Pawel, Berghauptmann und G. Hauenschildt) Ohne Bergbau keine Bahn, ohne Bahn kein Bergbau!

Den beiden hier stationierten E-Loks der Baureihe 185 wurden in feierlicher Zeremonie die Namen „Blankenburg“ und „Rübeland“ beigelegt. Hier während des Festaktes am 17.4. 2009 im Bahnhof Rübeland. Wieder aus der TRAXX-Familie leistet sie nach einem Software-Update 5600 Kw bei 84 Tonnen Dienstgewicht. Stückpreis etwa 2,5 Mio. €.

Mit Volldampf nimmt die Bergkönigin 95027 auf ihrer altgewohnten Braunesumpframpe den Abschnitt zwischen Wetterschacht und Posteena. Ein Leckerbissen für Bahnfreunde und die Mitfahrt ein Muss für jeden Harzer Touristen.

Obwohl die Harz- bzw. Rübelandbahn schon immer ein Teil ihrer Heimat war, kam auch die frisch restaurierte Bergkönigin nicht um die Steilstreckenzulassung herum. Talwärts Richtung Bahnübergang Posteena mit Bremslok – sicherheitshalber.

Vossloh schickte im Oktober 2019 eine hochmoderne Schienenfräse zur Steilstreckenzulassung hierher, fotografiert am alten Bahnhof Hüttenrode.

Während der Hauptuntersuchung der 95027 in Meiningen vertrat die 228 321-6 ihre dampfende Kollegin. Die Vertreterin der DDR-Diesel-Zunft hat hier ein reizvolles Zusammentreffen mit dem Wetterschacht der Eisenerzgrube „Braunesumpf". Hier nun schließt sich ein Kreis: Für den (Eisenerz) Bergbau wurde die erste Bahn gebaut, für den (Kalkstein)Bergbau fährt sie weiterhin. Für die Wirtschaft des Mittelharzes ist die Rübelandbahn mit elektrischer Traktion unverzichtbar.

Keine Zeit für uns hat die Schublok 185, die am ehemaligen Haltepunkt Braunesumpf unseren Blicken via Hüttenrode/Rübeland enteilt. Braunesumpf war der Ausgangspunkt der Erzstufenbahn. Hier, wo alles begann, könnte Ihre Wanderung auf den Spuren der ältesten Industriebahn des Harzes beginnen.

Martin Pawel

Eine Wanderung entlang der Erzstufenbahn

Die beschriebene Tour möchte dem interessierten Wanderer die Artefakte der Erzstufenbahn zeigen. Das Gelände ist eben bis abfallend, leicht zu erlaufen, festes Schuhwerk und lange Bekleidung sind dennoch wünschenswert. Im Wasserwegtal kann zwischen zwei Routen gewählt werden: Eine Ostroute unterhalb des Beck'schen Steinbruchs entlang zur Osterwiese und zum Eichenberg oder eine Westroute oberhalb des Steinbruchs entlang. Dieser Weg trifft später wieder auf den Weg am Eichenberg.

Start: Wetterschacht bei Hüttenrode.
Ende: Gut Vogtländer Blankenburg
Weglänge: Jeweils ca. 7 Kilometer

Startpunkt unserer Wanderung ist das Gelände des Wetterschachts Hüttenrode. Dieser wichtige vertikale Grubenbau war nur fünf Jahre in vollem Betrieb. Nach der Wende 1989 logierte dort ein Pannenservice und später ein kleiner Bauunternehmer. Danach wurde die Liegenschaft nicht genutzt und verfiel zusehends. Der Bergverein Hüttenrode pflegt die Anlage und zeigt dem Interessierten gern Gelände und Maschinen. Vorzugsweise an Wochenenden und Feiertag ist das nach Absprache möglich.
Wir laufen vom Wetterschacht in Richtung Sportplatz Hüttenrode. Am Sportplatz vorbei folgt nach kurzer Zeit auf der linken Seite der Pfad (51.77681N, 10.91253E) in Richtung Braunesumpftal – ein steiler Abstieg! Hier erreichen wir die Trasse der Rübelandbahn.
Wir gehen den Weg ein Stück hinauf und queren am Bahnübergang die Gleise. Vor der Bundesstraße 27 geht rechts ein Weg zum Betriebsgelände des ehemaligen Eisenerzbergwerks Braunesumpf ab. Das Gelände wurde Ende der 1990er geschliffen, nur wenige Zeugnisse sind übriggeblieben; unter anderem ist das Stollenmundloch des Mühlenwegstollens (51.77906N, 10.90854E) nebst Sprengstoffbunker erhalten geblieben. Letzterer fungiert heute als Fledermausquartier. Ein Betreten ist aus naturschutzfachlichen Gründen heraus verboten.
Nach kurzer Zeit erreichen wir die Betonplatte des Holzbergschachtes (51.78064N, 10.91045E) Dieser reichlich 160 Meter tiefe Schacht diente vorwiegend dem Materialtransport und der Wetterführung. Von hier aus sind es nur wenige Schritte zum alten Bahnhof Braunesumpf (51.78254N, 10.91341E). Um dorthin zu gelangen, folgen wir der B27 abwärts in Richtung Blankenburg. Nach dem Betriebsgelände zweigt rechts ein Damm zur heutigen Bahnstrecke ab. Am Hang des Dammes lag der Bahnhof. Das Bahnhofshäuschen kündet heute, stark verfallen, von der einstigen Station. Von hier aus ging ein Stollen in Richtung Erzlager von Hüttenrode. Hier beginnt der

offensichtliche Teil der Erzstufenbahn. Neuere Forschungen zeigen, dass neben den bekannten fünf Stufen der Erzstufenbahn zwei weitere existierten.
Am nördlichen Ende des Bahnhofsbereichs bog die Bahn in einen Tunnel ein. Dieser ungefähr 400 Meter lange Bielsteintunnel (51.78299N,10.91457E) wurde später auf Normalspurgröße nachgenommen und konnte so mittels Dampfloks befahren werden. Bis 1965 war der Tunnel in Betrieb. Danach wurde das obere Mundloch zugeschüttet. In den 1980er Jahren für Zivilverteidigungszwecke reaktiviert, finden heute Fledermäuse ihren Platz im Gewölbe. Auch hier ist ein Betreten aus naturschutzfachlichen Gründen untersagt.
Nachdem wir uns umgeschaut haben, steigen wir wieder auf das Niveau der B27 und folgen dem gegenüberliegenden Wanderweg. An der Wegekreuzung (51.78474N, 10.91478E) angekommen, nehmen wir den rechten Weg bis zur Otto-Ebert-Brücke. Sie ist nach einem Blankenburger Unternehmer benannt, der anlässlich eines runden Geburtstages Geld für ihren Bau sammelte. Vorher aber halten wir die Augen links. Hier nun befindet sich das andere Tunnelportal des Bielsteintunnels. Ein Abstieg von oben ist nicht empfehlenswert, weil die Böschungen sehr steil sind. Dafür genießen wir einen Blick von der Brücke (51.78504N,10.92349E). Durch die Neutrassierung der Harzbahn in den 1960er Jahren war hier der Herzogsweg unterbrochen. Nun spannt eine Brücke über die Bahnstrecke. Aus dieser Perspektive sind eindrucksvolle Blicke auf Eisenbahn und Umgebung – nördliches Harzvorland – möglich. Etwa 100 Meter nach Passieren der Brücke biegt links ein Weg talwärts ab. Diesem folgen wir. Jetzt ist ein aufmerksames Auge gefragt: In Verlängerung des Bielsteintunnels liegt die hangseitige Trasse der Erzstufenbahn. Am Ende dieser Strecke liegt der Schnarrenkopf. Linksseitig ist die Schurre noch gut zu erkennen. Aber Vorsicht: Die Böschung ist abgängig und steil. Abstand halten empfiehlt sich!

Unterführung „Viadukt“ im Wasserwegtal

Nachdem wir diese Stufe erwandert haben, geht es nun auf ein tieferes Niveau. Dazu folgen wir dem Pfad in Richtung Blankenburg. Das Tal schneidet nun tiefer ein. Die Höhenunterschiede sind eindrucksvoll am geschütteten Erdbauwerk „Hoher Damm" der Rübelandbahn von unten zu erkennen. Links liegt der Damm und rechts kommt unsere Schurre (51.78891N, 10.92668E) an. Hier befand sich ein Lokschuppen – wie übrigens auf jeder Stufe – und Lok und Wagen fuhren unter die Rutsche, um die Massen abziehen zu können.
Sodann verläuft die Bahntrasse, gut im Gelände erkennbar, über ein bemerkenswertes Viadukt (51.79013N, 10.92807E) in Richtung Nord/Nordwesten.

Der unter uns liegende Forstweg muss eine hohe Wichtigkeit besessen haben, dass er mit so einem Bauwerk versehen wurde. Das sorgsam geschichtete Bruchsteinmauerwerk zeigt gut die Gesteine der Region an. Vermutlich wurde ein Teil im Wald aufgelesen oder im nahegelegenen Steinbruch gewonnen. Und genau hier endet unsere Bahntrasse: Am Steilabfall des Steinbruchs. Der Steinbruchbetrieb hat einen Teil der Bahn und des Rolllochs abgebaut. Ein Abstieg hier ist nicht sinnvoll – besser ist es, umzudrehen und in der Nähe des Viadukts abzusteigen.
Von hier gibt es zwei Wandervorschläge: Eine Ostroute führt uns ins Tal des Wasserwegs, vorbei am imposanten Steinbruch (linksseitig, 51.79046N, 10.93187E) und weiter auf den Spuren der Schurrenbahn bis zur Osterwiese. Leider wurde dieses Panorama in den 1970er Jahren mit Bungalows verbaut. Darüber hinweg haben wir jedoch eine schöne Sicht auf Blankenburg (51.79220N, 10.93537E), das Vorland und hoch über allem: Auf das Blankenburger Schloss.

Blick über die Osterwiese auf Blankenburg

Das Rollloch der Erzstufenbahn lag auf der Osterwiese/Hospitalholz. Heute ist davon im Gelände so gut wie gar nichts mehr zu erkennen.
Daher folgen wir dem Wanderweg in Richtung Eichenbergsiedlung. Hier ergibt sich nochmals ein schöner Blick auf Blankenburg und, für Eisenbahnfreunde: Auf eine langgezogene Kurve der Rübelandbahn. Besonders imposant ist es, wenn die Dampflok den Berg erklimmt! Hier ist Gänsehaut vorprogrammiert. Über die Hüttenstraße und die Kreuzstraße streben wir dem Endpunkt entgegen: dem Gut Vogtländer. Hier können wir gut essen oder die Wanderung bei einem Getränk ausklingen lassen.

Die Westroute führt unter dem Bahnviadukt bergwärts. Nach dem Viadukt halten wir uns rechts und haben von oben nochmals einen Blick auf das Niveau der Stufenbahn. Der Weg schlängelt sich gemütlich bergan und erreicht nun den Steinbruch (51.79115N, 10.92971E). Wäre die Betriebseinstellung nicht dazwischengekommen, hätte der Abbau sicherlich den Waldweg und weitere Teile des Eichenbergs in Verhieb genommen. Abgebaut wurde ein Keratophyr. Wir genießen den Blick in Richtung Ziegenkopf – das ist der gegenüberliegende Aussichtsturm – und sind an der Wilhelm-Raabe-Warte angekommen. Wer mag, kann sich hier umsehen und dann unseren Wanderweg in Richtung „Bast Michaelstein/Eichenberg“ weiter folgen. An einer Kehre (51.79280N, 10.92705E) tangieren wir nochmals die Rübelandbahn. Auch hier öffnet sich das eine oder andere schöne Fotomotiv. Wir wollen heute jedoch schnell nach Blankenburg kommen. Daher wählen wir den Abstieg über die Bastwiese (51.79619N, 10.92846E) in Richtung Blankenburg/Oesig. Nach steilem Abstieg kommen wir auf eine kleine Waldwiese und unterqueren wiederholt die Rübelandbahn. Allein auf diesem kurzen Abschnitt überwindet die Bahn ungefähr 60 Höhenmeter! Für ein Auto ist dies nicht viel, aber für eine Eisenbahn mehr als beachtlich.
Nach der Querung folgen wir dem nächstmöglichen rechten Weg. Eingeklemmt zwischen alten Obstplantagen auf der linken und der Bahnlinie auf der rechten Seite streben wir Blankenburg entgegen. Die Vegetation öffnet sich und wir genießen ein wunderschönes 180-Grad-Panorama über die Blütenstadt. Die hier geernteten Kirschen schmecken besonders gut!
Der Berg, der seinen umgangssprachlichen Namen dem Kernobst verdankt, ist vollständig unterhöhlt worden. In der Zeit von 1944 bis 1945 mussten Häftlinge und Zwangsarbeiter zur Untertageverlagerung der Rüstungsindustrie Hohlräume in der Berg treiben. Ein Großteil dieser Hallen ist zwischenzeitlich verfüllt.
Am Klostergarten verlassen wir die Wald- und Wiesenflur und treten in die Stadt ein. Am Baumschulenweg biegen wir links auf die Weststraße ein. Auf der linken Seite zweigt eine kleine Nebenstraße ab. Hier, versteckt und heute nicht mehr zugänglich, befindet sich das Mundloch des Walter-Hartmann-(Wilhelm-Burchardt)-Stollens. Dieser wichtige Stollen der Schachtanlage Braunesumpf geht auf die Erzstufenbahn zurück. Um sich Vortriebsmeter zu sparen, nutzte man die Bahnauffahrung nach. Gegenüber der Zufahrtsstraße zweigt ein kleiner Weg in Richtung Osten ab. Umge-

ben von Flachbauten und Garagen finden wir die letzten offensichtlichen Zeugnisse des erloschenen Bergbaus: Grubenbahngleise (51.79661N, 10.94147E).
Ursprünglich führte deren Trasse von hier über die Weststraße zum Stollenmundloch des W.H.-Stollens.
Nach wenigen Metern erreichen wir die Michaelsteiner Straße. Hier befanden sich die Harzer Werke. Das Erz der Gruben um Hüttenrode wurde hier bis 1895 verhüttet. Danach ging es per Bahntransport ins Niederschachtofenwerk nach Calbe/Saale. Heute zeugen nur wenige, vermutlich denkmalgeschützte Gebäude von diesem Werk. Unser Weg führt uns entlang der Michaelsteiner Straße nun in Richtung Stadtmitte. An der großen Ampelkreuzung angelangt, sehen wir alsbald das Gut Vogtländer (51.79413N, 10.95226E), den Zielpunkt unserer Wanderung.

Viel gibt es auf den beschriebenen Wegen zu sehen, zu entdecken und zu erforschen. Sachzeugnisse der Arbeit unserer Vorfahren, ihres Erfinderreichtums, ihrer Zielstrebigkeit. Aber halten Sie auch die Augen für die Naturschönheiten in der Region offen. Seien es die Kirschblüten im Frühling, die Blumen auf den Wiesen, die Kastanien an den alten Alleen. Auch wenn es nicht immer so scheint: Überall ist Leben im Überfluss, unter der Erde und vor allem auf ihr – wir müssen es nur neu jeden Tag entdecken.

Wir verabschieden uns mit ehrender Reminiszens an die Erbauer der ungewöhnlichen und ältesten Industriebahn des Harzes – den Hüttenröder Bergleuten der Eisenerzgrube „Braunesumpf“.

Als Felschirurgen wohlbekannt;
Die hohen Berge schröpfen wir;
Aus vollen Adern schöpfen wir;
Metalle stürzen wir zuhauf.
Mit Gruß getrost: Glück Auf, Glück Auf!

Literaturverzeichnis

Archiv Bergverein
Archiv ehemaliges Metallleichtbaukombinat, Werk Blankenburg
Bergverein Hüttenrode: 1000 Jahre Bergbau im Hüttenröder Revier", Selbstverlag 2010
Bergverein Hüttenrode: Drei Schlag: Hängen!, Selbstverlag 2014
Franckh, Pit: Weite Welt der Eisenbahn, Franckhsche Verlagsbuchandlung, Stuttgart 1958
Ritzau, Günther: Spitzenkehre Wellerwald, in: Franckh, Pit: Weite Welt der Eisenbahn, Stuttgart 1958
Schaltenbrand, Carl: Die Locomotiven. Eine Sammlung ausgeführter Zeichnungen mit beschreibendem Text, Berlin 1876
Schochardt, Alfred: Der Harz und seine Eisenbahnen, Folge 6, 1971
Steinke, Werner: Die Rübelandbahn, Transpress Verlag, 1982
Steinke, Werner: 125 Jahre Halberstadt-Blankenburger-Eisenbahn, Herdam Fotoverlag 2000
Wirstorf, G.: Heimat Blankenburg im Wandel der Zeiten, unveröffentlichtes Manuskript
Lange, Bernhard: Chronik Rübeland, unveröffentlichtes Manuskript

Bildquellenverzeichnis

Höhenschnitt S. Schreiter/ A. Pawel
Archiv Losse S, 7, 9, 11, 12 unten, 13 unten, 16 oben, 18 oben, 19 oben, 20, 22 oben
Archiv Bergverein Hüttenrode S. 15, 26, 27
M. Pawel S. 8 oben, 12 oben, 14, 17, 18 unten, 22 unten, 23, 33 unten, 34, 35, 36, 37, 38, 39, 40, 41, 42, 44, 45
Archiv VHS Bildungswerk Blankenburg 33 oben
Stadtarchiv Bochum 16 unten
Die Darstellung der Geologie wurde aus Fourcart 1930 entnommen.